Manon Girard

100 leçons d'Einstein qui vont changer votre vie

Philosophie, développement personnel et spiritualité

Clause de non-responsabilité

Ce livre est conçu à des fins éducatives et informatives. Bien que l'auteur et l'éditeur aient travaillé avec diligence pour s'assurer que les informations contenues dans cet ouvrage sont exactes, la nature évolutive des connaissances, des découvertes humaines et, en particulier, des différentes interprétations des sujets abordés dans ce livre rendent impossible la garantie d'une exactitude complète et définitive. Par conséquent, ni l'auteur, ni l'éditeur ne peuvent être tenus responsables d'erreurs, d'omissions ou de conséquences résultant de l'utilisation des informations fournies ici.

Sommaire :

J'aimerais avoir votre avis sincère dès que vous aurez fini ce livre.

Je vous assure que ce n'est pas pour nourrir mon ego, mais plutôt pour m'indiquer ce que vous a apporté ce livre, ce que vous auriez éventuellement moins aimé, ce qui a pu vous manquer, de sorte que je puisse enrichir cet ouvrage qui évolue avec le temps puisque je continuerai de l'actualiser.

Je vous remercie sincèrement et je vous souhaite une bonne lecture !

PARTIE 1 : QUI EST VRAIMENT ALBERT EINSTEIN ?

1. JEUNESSE D'EINSTEIN

NAISSANCE ET ORIGINES FAMILIALES

Albert Einstein naît le 14 mars 1879 à Ulm, en Allemagne, à une époque où l'Europe est en pleine effervescence scientifique et industrielle. Son enfance débute comme une partition silencieuse, sans notes exubérantes, mais dont chaque mesure allait façonner le génie qu'il deviendrait. Issu d'une famille juive non pratiquante, il grandit dans un environnement où la curiosité et l'apprentissage étaient encouragés, une atmosphère propice à nourrir un esprit avide de connaissances.

Ses parents, Hermann et Pauline Einstein, ne sont ni aristocrates ni figures d'influence, mais ils inculquent à leur fils un respect profond pour la science et la culture. Hermann, ingénieur et entrepreneur, s'efforce de lui donner un cadre de vie stable, tandis que Pauline, passionnée de musique, l'initie à l'art du violon, un instrument qui restera son fidèle compagnon tout au long de sa vie.

Dès son plus jeune âge, Einstein est perçu comme un enfant atypique. Son développement verbal est lent, au point d'inquiéter ses parents. Certains enseignants le jugent même peu prometteur, incapable de suivre le modèle scolaire rigide de l'époque. Mais, sous cette apparence d'enfant rêveur et réservé, bouillonnait déjà une curiosité insatiable.

Tel un petit explorateur en quête de réponses, Albert Einstein se plonge dans l'observation du monde avec fascination. Une boussole offerte par son père marque un tournant décisif : il est émerveillé par le fait que l'aiguille s'oriente toujours dans la même direction, comme guidée par une force invisible. Cette simple découverte allait éveiller en lui un questionnement profond sur les mystères de la nature et les lois de l'univers.

Ainsi, dès son enfance, Albert Einstein est comme une étoile encore cachée derrière les nuages, dont la lumière finira par briller d'un éclat inégalé.

ÉDUCATION ET PREMIÈRES REMISES EN QUESTION

Imaginez un fleuve qui ne suit pas le cours tracé par ses berges, mais qui préfère creuser son propre chemin. Albert Einstein était ce fleuve. Dès son plus jeune âge, il ressent une frustration vis-à-vis du système scolaire, qu'il trouve rigide et peu adapté à sa manière de penser. À l'école, les enseignants privilégient l'apprentissage par cœur, alors qu'Einstein préfère comprendre le pourquoi des choses. Cette divergence d'approche crée un fossé entre lui et ses professeurs, qui le jugent indiscipliné et incapable de s'adapter.

Cependant, loin d'être un élève médiocre, il se passionne pour les mathématiques et la physique. Il est fasciné par les nombres, les équations et les lois de la nature, qu'il explore bien au-delà des exigences scolaires. À 12 ans, il découvre par lui-même la géométrie euclidienne, et cette révélation marque le début d'une véritable histoire d'amour avec la science.

Mais le jeune Einstein ne se limite pas aux sciences exactes. Il est aussi un grand lecteur de philosophie, notamment des œuvres de Kant et Schopenhauer, qui forgent sa manière de penser et sa vision du monde. Pour lui, la quête du savoir ne doit pas être un exercice mécanique, mais un voyage intellectuel où l'imagination joue un rôle central.

Confronté à un environnement qui ne lui laisse pas la liberté d'explorer à sa guise, il finit par quitter l'école allemande sans diplôme. Ce départ n'est pas un échec mais une libération. Il décide de poursuivre son apprentissage à l'École polytechnique de Zurich, en Suisse, où il peut enfin étudier à son rythme et selon sa propre méthodologie.

Là-bas, il rencontre Mileva Marić, une brillante étudiante en physique qui deviendra non seulement sa compagne, mais aussi une interlocutrice précieuse dans ses réflexions scientifiques. Leurs échanges intellectuels nourrissent sa passion pour la physique théorique et renforcent son désir de repousser les limites de la connaissance.

Ainsi, son éducation ne s'est pas construite dans les salles de classe conventionnelles, mais dans une quête personnelle et passionnée du savoir, où chaque question en appelait une autre. Comme un peintre mélangeant les couleurs sur sa palette, Albert Einstein façonnait déjà l'univers qu'il allait révolutionner.

2. ASCENSION ET PREMIÈRES DÉCOUVERTES

LES ANNÉES DE GALÈRE : UN GÉNIE DANS L'OMBRE

Après avoir obtenu son diplôme de l'École polytechnique de Zurich en 1900, il espérait intégrer un poste universitaire prestigieux, mais la réalité fut tout autre : aucune institution ne semblait prête à lui offrir une place. Sans emploi stable, il enchaîne les petits boulots et finit par travailler en 1902 comme employé au Bureau des brevets de Berne, une fonction administrative bien éloignée de ses ambitions académiques. Mais comme un chimiste transformant le plomb en or, Einstein parvient à tirer parti de cette situation en utilisant ses heures libres pour développer ses propres théories. Il consacre chaque instant de son temps libre à la recherche, griffonnant des équations sur des feuilles volantes et nourrissant son esprit de lectures scientifiques avancées.

Dans ce bureau austère, parmi les dossiers techniques et les brevets industriels, Einstein médite sur les lois fondamentales de l'univers. Il est convaincu que la physique classique, héritée de Newton, comporte des incohérences qu'il faut résoudre. Ses pensées gravitent notamment autour du temps, de l'espace et de la lumière, trois éléments qu'il perçoit non pas comme des entités distinctes, mais comme des facettes d'une réalité plus profonde. C'est dans cette solitude intellectuelle qu'il élabore les fondations des théories qui allaient bouleverser la science moderne...

L'ANNÉE MIRACULEUSE : 1905

Il arrive parfois que l'histoire soit marquée par une seule année, un instant où tout bascule ! Pour Einstein, cette année est 1905, que l'on appelle aujourd'hui "l'année miraculeuse". En quelques mois seulement, il publie quatre articles révolutionnaires dans la revue scientifique *Annalen der Physik*, chacun remettant en cause des piliers fondamentaux de la physique.

1. L'effet photoélectrique et la naissance de la physique quantique

Dans son premier article, il s'attaque à un mystère non résolu : pourquoi certains métaux émettent-ils des électrons lorsqu'ils sont exposés à la lumière ? Il propose une explication audacieuse : la lumière est constituée de quanta (plus tard appelés photons) et non d'une onde continue, comme le pensait la physique classique. Cette théorie jette les bases de la physique quantique, et plus tard, elle lui vaudra le Prix Nobel de physique en 1921.

2. Le mouvement brownien : la preuve de l'existence des atomes

Dans son deuxième article, il analyse le mouvement erratique des particules en suspension dans un fluide (le mouvement brownien), et démontre que ce phénomène peut être expliqué par l'existence d'atomes invisibles frappant ces particules. À une époque où certains scientifiques doutaient encore de l'existence réelle des atomes, cette publication fournit une preuve mathématique et expérimentale de leur présence.

3. La relativité restreinte : une nouvelle vision du temps et de l'espace

Son troisième article est sans doute le plus révolutionnaire. Il formule la théorie de la relativité restreinte, qui remet en cause les idées de Newton sur le temps et l'espace. Il démontre que le temps et l'espace ne sont pas absolus, mais relatifs à l'observateur. Ce concept bouleverse les fondements mêmes de la physique et marque un tournant dans l'histoire des sciences.

4. La célèbre équation $E=mc^2$

Enfin, dans son quatrième article, il formule l'une des équations les plus célèbres de tous les temps : $E = mc^2$

Cette équation établit une relation entre l'énergie (E) et la masse (m), révélant que la matière peut être convertie en énergie et inversement. Cette découverte allait ouvrir la voie à des avancées majeures, notamment dans le domaine du nucléaire.

DE L'OMBRE À LA RECONNAISSANCE INTERNATIONALE

Bien que ces publications soient saluées par certains physiciens, il faut encore plusieurs années pour qu'Einstein accède pleinement à la reconnaissance qu'il mérite. Peu après, en 1908, il obtient enfin un poste universitaire à Zurich, puis il est invité à enseigner en Allemagne et aux Pays-Bas. Son nom commence à circuler dans les cercles académiques, mais c'est en 1915, avec la publication de la théorie de la relativité générale, qu'il atteint la célébrité.

En 1919, une éclipse solaire permet de vérifier l'une des prédictions de sa théorie : la courbure de la lumière sous l'effet de la gravité. Les résultats confirment brillamment ses calculs et font la une des journaux du monde entier. Einstein devient alors une véritable icône scientifique, dépassant le cadre des laboratoires et des universités.

Comme une étoile qui brille enfin à travers les nuages, son génie éclate au grand jour. Il est invité aux quatre coins du monde, ses conférences sont suivies avec passion, et son image devient indissociable de la science moderne. Pourtant, malgré cette reconnaissance, il reste fidèle à lui-même : humble, passionné et toujours en quête de nouvelles questions à explorer.

3. UN PENSEUR HORS-NORME

UNE CURIOSITÉ INSATIABLE

Si l'on devait comparer Einstein à un personnage, il serait comme un enfant qui ne cesse jamais de poser des questions. Là où d'autres se contentaient des réponses établies, lui cherchait sans relâche à comprendre le pourquoi des choses.

Sa curiosité ne se limitait pas à la physique. Il s'intéressait à tout : la musique, la philosophie, l'art, la politique, et même la nature humaine. Il aimait dire que "l'important est de ne jamais cesser de se poser des questions", une devise qu'il appliquait à toutes les facettes de sa vie.

Cette insatiable soif de savoir faisait de lui un esprit libre, réfractaire à toute autorité intellectuelle. Contrairement aux scientifiques de son époque, qui suivaient une hiérarchie stricte, Einstein travaillait seul, avec une indépendance farouche. Il préférait remettre en cause les fondements mêmes de la science plutôt que de s'y conformer aveuglément.

LE POUVOIR DE L'IMAGINATION

Contrairement à l'image du savant enfermé dans des calculs interminables, Einstein disait que l'imagination était plus importante que le savoir. Là où d'autres partaient d'une équation, lui partait d'un rêve, d'une intuition, d'une métaphore.

Un jour, il raconte qu'il a eu l'idée de la relativité en s'imaginant chevaucher un rayon de lumière. Une autre fois, il décrit son raisonnement sur la gravité en visualisant un homme en chute libre dans un ascenseur. Ce mode de pensée, où les images précèdent les formules, faisait de lui un savant à part, un poète de la physique.

Ses célèbres expériences de pensée, où il visualisait des situations impossibles pour mieux comprendre les lois de l'univers, illustrent bien cette approche unique. Il n'avait pas besoin de laboratoires sophistiqués : son laboratoire, c'était son esprit, où il testait des idées comme on joue avec des puzzles.

UN ESPRIT LIBRE : REFUS DES RÈGLES ET IRRÉVÉRENCE

Si la science était son domaine de prédilection, il ne supportait aucune forme d'autorité. Enfant, il était déjà en conflit avec l'école, refusant l'apprentissage par cœur et les méthodes rigides. Adulte, il continue de cultiver une forme de rébellion intellectuelle, préférant l'indépendance aux honneurs.

Lorsqu'il reçoit des offres prestigieuses de l'université allemande, il hésite à s'y engager, préférant travailler seul, sans contrainte académique. Il se moquait des titres et des conventions, refusant de porter des chaussettes même lors des réceptions officielles !

Cette liberté faisait de lui une personnalité attachante, bien loin du savant austère. Il aimait raconter des blagues, jouer du violon en improvisant, et discuter des heures sur des sujets aussi divers que la politique, la spiritualité ou la musique de Mozart.

UN PACIFISTE ENGAGÉ

Au-delà de la science, Einstein était profondément humaniste. Conscient de l'impact des avancées scientifiques sur la société, il se battait contre les armes, la guerre et l'intolérance.

Il disait que "la paix ne peut être maintenue par la force, elle ne peut être atteinte que par la compréhension", un principe qu'il appliquait aussi bien à la science qu'à la politique. Il fut l'un des premiers intellectuels à s'élever contre le nationalisme et l'antisémitisme, ce qui lui valut de nombreux ennemis en Allemagne.

Son pacifisme sera cependant mis à l'épreuve dans les années 1930, lorsqu'il prendra conscience de la menace nazie. Paradoxalement, c'est lui qui, en 1939, alertera les États-Unis sur le danger d'une bombe atomique et poussera Roosevelt à lancer le projet Manhattan. Une décision qu'il regrettera toute sa vie, se considérant comme un complice du drame d'Hiroshima.

4. DÉFIS ET CONTREVERSES

LES OBSTACLES À SES IDÉES : UN RÉVOLUTIONNAIRE INCOMPRIS

Dans le monde scientifique, toute grande révolution commence par le scepticisme. Si aujourd'hui Einstein est unanimement célébré, ses idées ne furent pas toujours accueillies avec enthousiasme. Imaginez un musicien jouant une nouvelle mélodie devant un public habitué à une seule gamme musicale : au début, beaucoup refusent d'entendre la beauté de cette nouveauté.

Lorsqu'il publie sa théorie de la relativité restreinte en 1905, de nombreux physiciens restent réticents. Certains ne comprennent pas ses équations, d'autres jugent absurdes ses conclusions sur la relativité du temps et de l'espace. Pendant plusieurs années, son travail est ignoré par une partie de la communauté scientifique, qui préfère s'accrocher aux théories classiques de Newton.

En 1915, il propose la relativité générale, une avancée encore plus audacieuse qui redéfinit la gravité comme une courbure de l'espace-temps. Mais cette nouvelle vision du monde se heurte à des résistances encore plus grandes. Peu de scientifiques possèdent le niveau mathématique suffisant pour comprendre ses équations, et certains pensent qu'il s'agit d'une construction purement théorique, impossible à prouver expérimentalement.

Il faudra attendre l'éclipse solaire de 1919, lorsque l'astronome Arthur Eddington confirme la déviation de la lumière par la gravité, pour que le monde scientifique reconnaisse enfin le génie d'Einstein.

UN HOMME FACE À L'ANTI-SÉMITISME ET AU NATIONALISME

Einstein n'a pas seulement dû faire face aux résistances académiques, mais aussi à des attaques idéologiques et personnelles. En tant que juif et pacifiste, il devient la cible privilégiée des mouvements nationalistes allemands dans les années 1920.

Certains scientifiques, notamment Philipp Lenard et Johannes Stark, mènent une campagne violente contre lui, qualifiant la relativité de "physique juive", une insulte destinée à discréditer ses travaux. Dans leurs discours, ils opposent cette science "abstraite et corrompue" à la "physique aryenne" fondée sur les traditions de Newton.

Les journaux d'extrême droite s'en prennent violemment à lui, publiant des articles hostiles et appelant même à son assassinat. En 1922, il apprend que le ministre allemand Walter Rathenau, lui aussi juif et pacifiste, vient d'être assassiné par un groupuscule nationaliste. Face à cette menace, Einstein quitte l'Allemagne pour un temps et évite les apparitions publiques.

Quand Hitler arrive au pouvoir en 1933, il devient évident qu'Einstein ne pourra plus jamais revenir en Allemagne. Sa maison est pillée, ses livres brûlés, et son nom est inscrit sur une liste noire des ennemis du régime nazi. Il part alors pour les États-Unis, où il obtient un poste à l'Institut d'études avancées de Princeton. Lui qui avait consacré sa vie à la science devient, malgré lui, un exilé politique.

LA BOMBE ATOMIQUE : UNE CULPABILITÉ INÉVITABLE

Si Einstein s'était toujours déclaré pacifiste, un événement va profondément marquer son engagement : la montée du nazisme et la peur que Hitler ne développe une arme nucléaire avant les Alliés.

En 1939, il est sollicité par Leó Szilárd, un physicien hongrois qui l'alerte sur les risques d'une bombe allemande basée sur la fission de l'uranium. Einstein, comprenant la gravité de la situation, signe une lettre adressée au président Roosevelt, l'encourageant à développer une bombe avant l'Allemagne.

Ce courrier mène directement au projet Manhattan, qui aboutira à la création des bombes d'Hiroshima et Nagasaki en 1945. Mais dès la fin de la guerre, Einstein regrette profondément son rôle dans cet événement. Il déclare : "Si j'avais su que les Allemands ne réussiraient pas à fabriquer la bombe, je n'aurais rien fait."

Profondément affecté, il passe les dernières années de sa vie à militer contre les armes nucléaires et pour la paix mondiale. Il devient un symbole du désarmement, écrivant des lettres aux chefs d'État et signant des manifestes pour éviter une catastrophe nucléaire.

UN PERSONNAGE CONTROVERSÉ

Bien que son image soit aujourd'hui presque mythifiée, Einstein n'était pas exempt d'erreurs ni de contradictions.

1. Son rejet de la mécanique quantique

Ironiquement, bien qu'il ait été l'un des fondateurs de la physique quantique, il refuse d'en accepter certaines conséquences. Il critique l'idée que l'univers fonctionne selon des probabilités et déclare son célèbre : "Dieu ne joue pas aux dés."

Mais l'histoire donnera raison aux physiciens quantiques comme Niels Bohr et Heisenberg, qui démontreront que le monde microscopique est bien gouverné par des lois aléatoires.

2. Son inadaptation au travail en équipe

Contrairement à d'autres grands scientifiques, Einstein travaillait seul. Il n'aimait pas les collaborations, préférant réfléchir dans son coin. Cette attitude lui a valu des tensions avec d'autres chercheurs et l'a parfois isolé dans la seconde partie de sa carrière.

3. Ses relations personnelles compliquées

Si Einstein a conquis l'univers de la science, il n'en fut pas de même pour sa vie privée. Son mariage avec Mileva Marić finit en échec, et il entretient des relations tumultueuses avec ses proches. Il impose même à sa femme un contrat de vie stricte, où il lui interdit certaines libertés et exige d'elle qu'elle ne le dérange jamais dans ses recherches.

5. SON HÉRITAGE ET SON INFLUENCE

EINSTEIN, UNE FIGURE MYTHIQUE : LE SAVANT AU-DELÀ DE LA SCIENCE

Albert Einstein est bien plus qu'un simple physicien. Il est devenu une figure mythique, un archétype du génie universel, dont le nom évoque immédiatement l'intelligence, la curiosité et l'innovation. Peu de scientifiques, même parmi les plus illustres, ont atteint un tel niveau de reconnaissance populaire.

Son image traverse le temps, au point d'être gravée dans l'inconscient collectif. Que ce soit son regard pétillant derrière ses lunettes, sa chevelure en bataille ou son célèbre portrait où il tire la langue, Einstein est reconnaissable au premier coup d'œil. Contrairement à d'autres savants, souvent cantonnés aux livres d'histoire, il est entré dans la culture populaire, apparaissant dans les films, les bandes dessinées, et même sur des objets du quotidien.

Mais cette notoriété dépasse l'anecdote : elle témoigne d'un héritage scientifique et philosophique qui continue de façonner notre monde. Einstein n'est pas seulement un homme qui a révolutionné la physique, il est aussi un symbole intemporel de la quête du savoir, de l'audace intellectuelle et de la liberté de pensée.

UNE SCIENCE TRANSFORMÉE

Si Einstein n'avait jamais existé, la science contemporaine serait radicalement différente. Ses théories ont bouleversé notre compréhension de l'univers et continuent d'inspirer les recherches les plus avancées.

1. La relativité générale : le pilier de l'astrophysique moderne

Un siècle après sa formulation, la relativité générale demeure l'une des théories les plus puissantes jamais élaborées. Grâce à elle, nous avons pu comprendre des phénomènes cosmiques d'une ampleur inimaginable.

Sans Einstein, les trous noirs seraient restés une curiosité théorique, et non des objets célestes dont nous avons aujourd'hui la preuve irréfutable.

La confirmation des ondes gravitationnelles, détectées pour la première fois en 2015, a validé l'une de ses prédictions majeures, démontrant une fois de plus l'exactitude de son modèle.

Son travail a également ouvert la voie à la cosmologie moderne, qui tente d'expliquer l'expansion de l'univers et ses origines, confirmant le rôle fondamental de la relativité générale dans notre compréhension du Big Bang.

2. La révolution quantique : le paradoxe de son héritage

Ironiquement, bien qu'Einstein ait jeté les bases de la physique quantique avec sa théorie de l'effet photoélectrique, il refusa d'en accepter certaines implications. Ses débats avec Niels Bohr, notamment sur l'indéterminisme quantique, sont restés célèbres.

Mais, malgré son scepticisme, les avancées modernes dans la technologie quantique – qu'il s'agisse des ordinateurs quantiques, de la cryptographie ou de la téléportation quantique – doivent beaucoup aux concepts qu'il a introduits. Son travail, même lorsqu'il s'opposait aux nouvelles théories, a nourri les débats et conduit à des percées majeures.

3. La relativité dans notre quotidien : une science appliquée

Si la relativité générale semble éloignée des préoccupations de la vie courante, elle est en réalité omniprésente. Sans ses équations, nos systèmes GPS ne fonctionneraient pas, car ils doivent corriger en permanence les distorsions temporelles causées par la gravité et la vitesse des satellites.

Chaque jour, des milliards d'appareils utilisent ainsi la relativité sans que personne ne s'en rende compte. C'est l'un des paradoxes d'Einstein : son travail, qui semblait au départ purement théorique, est aujourd'hui essentiel à notre monde moderne.

UN ENGAGEMENT HUMANISTE

Einstein ne fut pas seulement un penseur de l'univers, il fut aussi un observateur attentif des conflits et des enjeux de son époque. Sa célébrité aurait pu le conduire à se replier dans sa tour d'ivoire, mais il fit tout le contraire : il utilisa sa voix pour alerter, dénoncer et tenter d'influencer le cours des événements.

1. Le paradoxe de la bombe atomique

Le plus grand dilemme moral de sa vie restera son rôle indirect dans la création de la bombe atomique. En 1939, comprenant que l'Allemagne nazie travaillait sur une arme nucléaire, il signe avec Leó Szilárd une lettre destinée au président Roosevelt, l'encourageant à prendre de l'avance dans cette course technologique. Cette lettre aboutira à la mise en place du projet Manhattan.

Mais lorsque la bombe est finalement utilisée sur Hiroshima et Nagasaki en 1945, Einstein est dévasté. Dès lors, il consacre la fin de sa vie à militer pour le désarmement nucléaire, dénonçant les dangers de cette technologie qu'il avait contribué à rendre possible.

2. Un militant pour la paix et les droits humains

Einstein ne cessa jamais de prôner un idéal pacifiste. Il s'engage dans plusieurs causes humanitaires et politiques, dénonçant notamment :

- La montée des nationalismes, qu'il avait déjà vue détruire l'Europe.
- La ségrégation raciale aux États-Unis, qu'il qualifie de "pire maladie" de ce pays.
- Les risques d'une nouvelle guerre mondiale, appelant les nations à une gouvernance internationale plus coopérative.

Ces prises de position lui valent parfois des critiques, notamment en pleine Guerre froide, où il est suspecté par le FBI d'avoir des sympathies communistes. Mais fidèle à lui-même, il ne cherche pas à plaire aux puissants, préférant défendre ses principes jusqu'au bout.

UNE POSTÉRITÉ IMMENSE

Einstein est mort en 1955, mais son influence ne s'est jamais éteinte. Peu d'esprits ont marqué l'histoire comme lui. Au-delà de ses découvertes, il a incarné une approche unique du savoir :

- Refuser les dogmes, remettre en question ce qui semble acquis.

- Cultiver la curiosité, explorer tous les domaines sans limites.

- Faire confiance à l'imagination, car les grandes idées naissent souvent d'intuitions avant d'être prouvées.

Ces principes continuent d'inspirer des scientifiques, des artistes, et même des entrepreneurs, qui voient en lui un modèle de créativité et d'audace intellectuelle.

Aujourd'hui encore, les travaux d'Einstein sont au cœur des recherches les plus avancées. Ses équations régissent :

- La quête d'une théorie du tout, capable d'unifier relativité et mécanique quantique.

- L'étude des exoplanètes et des galaxies lointaines, permettant d'explorer les confins de l'univers.

- Les nouvelles technologies, des ordinateurs quantiques aux systèmes de navigation spatiale.

En ce sens, Einstein n'appartient pas seulement au passé : il continue d'être un phare guidant les explorateurs du futur.

PARTIE 2 : LES LEÇONS D'ALBERT EINSTEIN

1. SCIENCES ET SAGESSE

1

99

La science sans religion est boiteuse, la religion sans science est aveugle.

2

”

Le plus incompréhensible dans l’Univers est qu’il soit compréhensible.

3

”

La connaissance s'acquiert par l'expérience, tout le reste n'est que de l'information.

4

”

Un problème sans solution est un problème mal posé.

5

”

Tout doit être aussi simple
que possible, mais
pas plus simple.

6

”

L'éducation, c'est ce qui reste après qu'on ait oublié ce qu'on a appris à l'école.

7

”

Si nous savions ce que nous faisons, cela ne s'appellerait pas de la recherche.

8

”

La science est un outil puissant, mais elle ne peut pas tout expliquer.

9

”

Un savant est un homme curieux qui cherche à comprendre le monde, pas un homme qui sait déjà tout.

10

99

Les grandes avancées scientifiques commencent par une idée considérée comme impossible.

11

”

Si la gravitation est responsable de la chute des pommes, elle est aussi responsable de l’ascension des esprits.

12

”

La curiosité est plus importante que la certitude.

13

Il est plus facile de désintégrer un atome qu'un préjugé.

Ce que l'on peut apprendre de ces citations

Einstein conçoit la science comme un moyen d'exploration de l'Univers, mais il reconnaît aussi ses limites. Il affirme ainsi que « La science sans religion est boiteuse, la religion sans science est aveugle. » Cette citation ne doit pas être interprétée comme une défense d'une religion institutionnalisée, mais plutôt comme une reconnaissance du fait que la science et la spiritualité (au sens large) ont chacune un rôle à jouer dans la compréhension du monde. Selon Einstein, la science donne des outils pour comprendre les lois naturelles, tandis que la spiritualité permet d'explorer la signification de l'existence.

L'un des aspects les plus fascinants de la science, selon lui, est son accessibilité intellectuelle. Il s'émerveille devant la cohérence du monde en déclarant que « Le plus incompréhensible dans l'Univers est qu'il soit compréhensible. » Cette phrase traduit son admiration pour l'ordre sous-jacent du cosmos et la capacité de l'esprit humain à formuler des lois universelles à partir d'observations limitées.

Einstein valorise l'expérience et l'expérimentation comme des moyens d'acquisition du savoir. Il insiste sur le fait que « La connaissance s'acquiert par l'expérience, tout le reste n'est que de l'information. » Contrairement à l'apprentissage purement théorique, il considère que la véritable compréhension naît de l'expérimentation et de l'application des concepts dans le monde réel. Cette vision rappelle les méthodes scientifiques basées sur l'observation et l'expérimentation.

Sa capacité à formuler des concepts complexes de manière accessible est illustrée par sa citation célèbre : « Tout doit être aussi simple que possible, mais pas plus simple. » Pour Einstein, la simplicité est une qualité essentielle de la science, mais elle ne doit pas être exagérée au point de dénaturer la complexité du réel. Cette réflexion s'applique aussi bien aux théories scientifiques qu'aux explications pédagogiques.

Il accorde une importance primordiale à l'imagination comme moteur de la connaissance. Il affirme ainsi que « L'imagination est plus importante que le savoir. » À l'inverse d'une vision purement académique de l'intelligence, Einstein insiste sur le fait que les plus grandes découvertes naissent de la capacité à envisager des réalités qui n'existent pas encore. C'est cette imagination qui permet aux scientifiques d'explorer de nouvelles pistes et de remettre en question les paradigmes établis.

L'éducation, selon lui, ne se limite pas à l'accumulation d'informations. Il souligne que « L'éducation, c'est ce qui reste après qu'on ait oublié ce qu'on a appris à l'école. » Cette réflexion met en avant la nécessité de développer l'esprit critique et la capacité de réflexion plutôt que de simplement mémoriser des faits. Pour Einstein, l'éducation doit avant tout former des esprits capables d'analyser et de comprendre par eux-mêmes.

La science est avant tout une démarche d'exploration, et il reconnaît l'incertitude inhérente à la recherche en déclarant que « Si nous savions ce que nous faisons, cela ne s'appellerait pas de la recherche. » Cette phrase met en évidence le caractère dynamique de la science : elle est un processus d'essais et d'erreurs, où chaque découverte ouvre de nouvelles questions.

Einstein met en garde contre la rigidité intellectuelle et l'illusion d'une connaissance absolue. Il souligne ainsi que « Un savant est un homme curieux qui cherche à comprendre le monde, pas un homme qui sait déjà tout. » Cette approche rejoint l'idée que la science est en perpétuelle évolution, et qu'il est essentiel de rester humble face aux mystères de l'Univers.

Enfin, il met en lumière la difficulté de faire évoluer les mentalités en affirmant que « Il est plus facile de désintégrer un atome qu'un préjugé. » Cette citation illustre la résistance au changement et la difficulté de remettre en cause des croyances ancrées. Malgré les avancées scientifiques, les idées reçues et les dogmes persistent souvent, freinant la progression de la pensée humaine.

2. IMAGINATION ET CRÉATIVITÉ

14

”

La créativité, c’est l’intelligence qui s’amuse.

15

"

La logique vous mènera d'un point A à un point B, l'imagination vous mènera partout.

16

”

L'imagination est tout.
Elle est l'aperçu des futures
réalisations de la vie.

17

L'art et la science sont deux langages pour comprendre le même monde.

18

”

Une personne qui n’a jamais fait d’erreur n’a jamais tenté quelque chose de nouveau.

19

”

L'imagination est plus importante que le savoir.

20

”

Les idées nouvelles rencontrent toujours une opposition farouche.

21

”

Le secret de la créativité est de savoir cacher ses sources.

22

99

Ce qui compte ne peut pas toujours être compté, et ce qui peut être compté ne compte pas forcément.

23

”

Le progrès technologique est comme une hache dans les mains d'un criminel pathologique s'il n'est pas accompagné d'une sagesse équivalente.

24

”

Inventer, c'est penser différemment de ce qui a déjà été pensé.

25

99

L'invention naît souvent de la paresse : nous cherchons un moyen plus simple de faire ce qui était compliqué.

26

”

Une intuition est parfois plus précieuse que mille analyses.

27

”

Il n’y a pas de génie sans un brin de folie.

28

”

La beauté des mathématiques réside dans leur logique implacable et leur infinie créativité.

29

”

La meilleure façon de prédire l’avenir est de l’inventer.

Ce que l'on peut apprendre de ces citations

Albert Einstein place l'imagination et la créativité au cœur de toute découverte et innovation. Il affirme que « La créativité, c'est l'intelligence qui s'amuse. » Cette phrase résume son approche de la pensée scientifique et artistique : la créativité n'est pas une rupture avec la raison, mais un prolongement de celle-ci. Un esprit curieux et inventif ne se contente pas d'appliquer des formules établies, il joue avec les idées, explore de nouvelles pistes et se laisse surprendre par des connexions inattendues.

L'imagination, selon lui, est plus puissante que la logique seule. Il illustre cette idée avec sa célèbre citation : « La logique vous mènera d'un point A à un point B, l'imagination vous mènera partout. » Si la logique est un outil pour organiser la pensée et résoudre des problèmes, l'imagination permet de transcender les cadres existants et d'inventer de nouvelles possibilités. Cette vision s'applique autant aux sciences qu'aux arts, où l'innovation repose sur la capacité à concevoir l'inédit.

Il va encore plus loin en affirmant que « L'imagination est tout. Elle est l'aperçu des futures réalisations de la vie. » Cette déclaration montre que les plus grandes avancées commencent souvent comme des intuitions, des visions du possible, bien avant de devenir des réalités concrètes. Ainsi, l'imagination est une force créatrice qui précède et guide l'action humaine.

Einstein insiste également sur la proximité entre l'art et la science, en expliquant que « L'art et la science sont deux langages pour comprendre le même monde. » Il ne perçoit pas ces disciplines comme opposées, mais comme complémentaires. Les scientifiques, comme les artistes, cherchent à déchiffrer la réalité et à exprimer une vision du monde, qu'il s'agisse de théories physiques ou d'œuvres picturales.

L'expérimentation et l'échec jouent un rôle central dans le processus créatif. Il rappelle que « Une personne qui n'a jamais fait d'erreur n'a jamais tenté quelque chose de nouveau. » Cette réflexion souligne l'importance d'oser, d'expérimenter et d'accepter l'échec comme une étape nécessaire vers la réussite.

L'hostilité envers les idées nouvelles est une constante de l'histoire. Einstein observe que « Les idées nouvelles rencontrent toujours une opposition farouche. » Cette phrase met en évidence la difficulté de faire accepter des découvertes révolutionnaires. Les avancées majeures, qu'elles soient scientifiques ou philosophiques, remettent souvent en cause des croyances établies et provoquent des résistances.

Il joue également avec l'idée de l'originalité et du plagiat en affirmant que « Le secret de la créativité est de savoir cacher ses sources. » Cette remarque, teintée d'humour, met en lumière le fait que toute innovation repose sur une accumulation de connaissances antérieures. Aucune invention ne naît du néant, elle est toujours le fruit d'une synthèse d'idées préexistantes, revisitées et améliorées.

Einstein porte aussi un regard critique sur la société moderne et le progrès technique. Il met en garde contre la confusion entre ce qui est mesurable et ce qui est réellement important en déclarant que « Ce qui compte ne peut pas toujours être compté, et ce qui peut être compté ne compte pas forcément. » Cette réflexion s'applique aussi bien à la science qu'à la vie quotidienne, où les critères quantifiables (comme l'argent ou les statistiques) prennent souvent le pas sur des valeurs essentielles (telles que l'amour, la créativité ou l'éthique).

Il pousse cette critique plus loin en soulignant les dangers d'un progrès technologique dénué de sagesse. Il affirme ainsi que « Le progrès technologique est comme une hache dans les mains d'un criminel pathologique s'il n'est pas accompagné d'une sagesse équivalente. » Cette phrase met en lumière les risques d'un développement scientifique et technique non contrôlé, pouvant mener à des catastrophes si l'éthique et la réflexion ne suivent pas.

La capacité d'inventer repose aussi sur la capacité à penser différemment. Il affirme que « Inventer, c'est penser différemment de ce qui a déjà été pensé. » L'innovation ne naît pas en répétant le passé, mais en osant explorer des chemins inédits, en brisant les conventions et en acceptant de sortir des cadres établis.

De manière paradoxale, Einstein souligne que la créativité peut naître de la paresse : « L'invention naît souvent de la paresse : nous cherchons un moyen plus simple de faire ce qui était compliqué. » Cette observation humoristique montre que le désir de simplification et d'efficacité est un moteur puissant d'innovation.

3. PHILOSOPHIE DE VIE

30

”

La vie, c’est comme une bicyclette, il faut avancer pour ne pas perdre l’équilibre.

31

”

La folie, c'est de faire toujours la même chose et de s'attendre à un résultat différent.

32

❞

Il faut apprendre les règles du jeu. Ensuite, il faut jouer mieux que tout le monde.

33

”

N'essayez pas de devenir un homme qui a du succès. Essayez de devenir un homme qui a de la valeur.

34

”

L’humanité est condamnée si elle ne parvient pas à apprendre à penser différemment.

35

❞

Il n'y a que deux façons de vivre sa vie : comme si rien n'était un miracle, ou comme si tout était un miracle.

36

Ce n'est pas parce qu'une idée est acceptée par la majorité qu'elle est forcément vraie.

37

”

La maturité commence lorsque nous cessons d’accuser les autres de nos échecs.

38

"

La joie est un signe que la vie est en accord avec elle-même.

39

”

L’essentiel est d’essayer de rendre le monde meilleur avant de le quitter.

40

”

Un homme heureux est trop satisfait du présent pour se soucier de l'avenir.

41

”

La sagesse commence par l’humilité.

42

”

L’amour est une force plus puissante que l’électricité ou la gravitation.

43

”

Le véritable génie est celui qui sait rester un enfant toute sa vie.

Ce que l'on peut apprendre de ces citations

Albert Einstein développe une philosophie de vie pragmatique et humaniste, qui repose sur la curiosité, la remise en question des conventions et la quête d'un sens profond à l'existence, illustrée par cette métaphore célèbre : « La vie, c'est comme une bicyclette, il faut avancer pour ne pas perdre l'équilibre. » Cette image simple mais puissante rappelle que le mouvement est essentiel au bien-être et que l'on ne peut rester figé dans ses peurs ou incertitudes sans risquer de sombrer.

Il critique également les comportements répétitifs et inefficaces en affirmant que « La folie, c'est de faire toujours la même chose et de s'attendre à un résultat différent. » Par cette phrase, il met en évidence l'absurdité de persister dans des schémas d'action qui ne fonctionnent pas, et invite à l'expérimentation, à l'apprentissage et à l'innovation. C'est une leçon clé, autant en science qu'en développement personnel : l'évolution passe par le changement et l'adaptation.

Dans la même logique, Einstein encourage à comprendre les règles du monde pour mieux les utiliser à son avantage. Il affirme ainsi : « Il faut apprendre les règles du jeu. Ensuite, il faut jouer mieux que tout le monde. » Ce conseil pragmatique souligne l'importance de la connaissance et de la stratégie : il ne s'agit pas de refuser les réalités du monde, mais de les maîtriser.

Einstein valorise la notion de valeur et d'intégrité, au-delà de la simple réussite matérielle ou sociale. Il explique que « N'essayez pas de devenir un homme qui a du succès. Essayez de devenir un homme qui a de la valeur. » Par cette phrase, il met en garde contre la quête superficielle de reconnaissance et de richesse, et insiste sur l'importance d'un impact positif sur le monde. Un homme de valeur est celui qui contribue au bien commun et qui laisse un héritage moral ou intellectuel.

Il a également une vision critique de la pensée conformiste et souligne que « L'humanité est condamnée si elle ne parvient pas à apprendre à penser différemment. » Cette phrase rappelle l'importance de l'innovation et du courage intellectuel : les plus grandes avancées sont faites par ceux qui osent remettre en question les dogmes établis. Sans remise en cause des idées dominantes, l'humanité risque la stagnation et le déclin.

Dans cette même optique, il met en lumière l'importance de notre perception de la vie en déclarant : « Il n'y a que deux façons de vivre sa vie : comme si rien n'était un miracle, ou comme si tout était un miracle. » Cette citation invite à cultiver l'émerveillement et à voir la beauté dans les choses simples, au lieu de considérer la réalité comme une mécanique froide et dénuée de sens.

Einstein met aussi en garde contre le conformisme intellectuel et la pensée de groupe : « Ce n'est pas parce qu'une idée est acceptée par la majorité qu'elle est forcément vraie. » Cette phrase nous rappelle que les idées nouvelles et révolutionnaires sont souvent rejetées à leurs débuts, et qu'il faut savoir faire preuve d'esprit critique face aux croyances populaires.

L'une des clés de la maturité, selon Einstein, est d'assumer sa propre responsabilité. Il affirme que « La maturité commence lorsque nous cessons d'accuser les autres de nos échecs. » Ce principe encourage l'autonomie et la lucidité : il est facile de blâmer les circonstances ou autrui, mais la véritable force consiste à reconnaître ses erreurs et à apprendre de ses expériences. Il souligne également l'importance de la joie comme un indicateur du bon déroulement de notre existence. « La joie est un signe que la vie est en accord avec elle-même. » Cela signifie que le bonheur ne doit pas être recherché comme un objectif en soi, mais comme un effet naturel d'une vie alignée avec nos valeurs et nos aspirations profondes.

La quête de sens et d'utilité est une autre facette essentielle de la philosophie d'Einstein. Il affirme que « L'essentiel est d'essayer de rendre le monde meilleur avant de le quitter. » Cette phrase met en évidence la responsabilité que chacun porte dans la construction d'un avenir meilleur, et l'idée que notre passage sur Terre ne prend toute sa valeur que s'il contribue au bien commun.

Il adopte également une approche optimiste du présent en déclarant que « Un homme heureux est trop satisfait du présent pour se soucier de l'avenir. » Cette citation met en lumière l'importance de vivre pleinement le moment présent, sans être constamment préoccupé par ce qui pourrait arriver. La sagesse, selon lui, ne repose pas sur l'intelligence brute mais sur l'humilité et la conscience de ses propres limites. Il exprime cette idée en disant : « La sagesse commence par l'humilité. » Pour progresser dans la connaissance et dans la vie, il faut d'abord reconnaître que l'on ne sait pas tout et rester ouvert à l'apprentissage.

4. CONNAISSANCE ET SAVOIR

44

”

Le savoir est limité, tandis que l’imagination embrasse l’univers entier.

45

”

Il est inutile d’avoir une tête bien pleine si elle ne sait pas penser.

46

”

L’éducation doit viser à penser par soi-même, pas à suivre aveuglément ce que l’on nous enseigne.

47

”

La mémoire seule n’est pas un signe d’intelligence.

48

”

Un esprit trop rigide ne peut pas apprendre.

49

”

*Il vaut mieux savoir peu
et comprendre beaucoup
que savoir beaucoup
et comprendre peu.*

50

”

Lire beaucoup ne suffit pas, encore faut-il savoir en tirer quelque chose.

51

”

Le véritable apprentissage ne commence que lorsque l'école est finie.

52

”

La culture est ce qui reste après avoir oublié ce qu’on a appris.

53

”

Il n’existe pas de questions stupides, seulement des esprits qui refusent de poser des questions.

54

”

Un homme sans curiosité est comme un livre fermé.

55

”

***On reconnaît un vrai génie
à sa capacité à poser
les bonnes questions.***

56

❞

La simplicité est la sophistication suprême.

57

”

Une question bien posée contient souvent la moitié de la réponse.

58

”

La connaissance ne vaut rien si elle ne mène pas à la compréhension.

Ce que l'on peut apprendre de ces citations

Albert Einstein développe une vision du savoir qui dépasse la simple accumulation d'informations. Pour lui, la connaissance ne se résume pas à une liste de faits mémorisés, mais à la capacité de réfléchir, d'analyser et de relier les concepts entre eux. Il met en garde contre la tentation de croire qu'un savoir encyclopédique est suffisant, affirmant que « Le savoir est limité, tandis que l'imagination embrasse l'univers entier. » Cette phrase souligne que la simple acquisition d'informations ne permet pas forcément de comprendre le monde : c'est la capacité à relier ces connaissances, à les remettre en question et à les appliquer qui fait la véritable intelligence.

Dans cette optique, il insiste sur la nécessité de penser par soi-même. « L'éducation doit viser à penser par soi-même, pas à suivre aveuglément ce que l'on nous enseigne. » Einstein critique une éducation trop rigide, qui formate les esprits au lieu de les libérer. Il ne suffit pas d'apprendre des règles et des faits : il faut être capable de les questionner, de les analyser et de développer une pensée autonome. Ce rejet de l'apprentissage passif se retrouve dans sa remarque tranchante : « Il est inutile d'avoir une tête bien pleine si elle ne sait pas penser. » L'intelligence ne se mesure pas au volume de connaissances, mais à la manière dont elles sont utilisées.

Il met aussi en avant l'importance de la compréhension par rapport à la simple accumulation de savoirs. « Il vaut mieux savoir peu et comprendre beaucoup que savoir beaucoup et comprendre peu. » Dans un monde où l'information est accessible en quelques secondes, cette citation prend tout son sens : lire et apprendre sont des étapes nécessaires, mais ce qui compte réellement, c'est la capacité à extraire des principes fondamentaux et à les appliquer intelligemment. Il renforce cette idée en affirmant : « Lire beaucoup ne suffit pas, encore faut-il savoir en tirer quelque chose. » La vraie richesse intellectuelle ne vient pas du nombre de livres lus, mais de la capacité à en saisir l'essence.

Einstein critique également les esprits rigides, incapables d'évoluer. « Un esprit trop rigide ne peut pas apprendre. » Il insiste sur la nécessité de rester curieux et flexible, car la véritable intelligence repose sur la capacité d'adaptation. Un individu enfermé dans ses certitudes finit par stagner, incapable d'intégrer de nouvelles perspectives. Il va même plus loin en déclarant que « La mémoire seule n'est pas un signe d'intelligence. » Retenir une grande quantité d'informations sans savoir les utiliser de manière critique est inutile. La véritable intelligence repose sur la capacité à établir des liens, à poser des questions et à chercher activement des solutions.

Cette approche de la connaissance s'appuie fortement sur la curiosité et l'art du questionnement. « Un homme sans curiosité est comme un livre fermé. » Cette métaphore illustre bien sa vision du savoir : une personne qui ne pose pas de questions et ne cherche pas à comprendre au-delà des apparences reste figée, incapable d'évoluer.

5. PAIX ET HUMANITÉ

59

”

La paix ne peut être maintenue par la force, elle ne peut être atteinte que par la compréhension.

60

”

L'arme la plus puissante de l'humanité est la coopération.

61

”

Un problème mondial ne peut être résolu qu'avec une vision mondiale.

62

”

L’humanité survivra si elle apprend à penser autrement.

63

”

La guerre est un échec
de la raison.

64

”

Si l’homme ne peut trouver la paix en lui-même, il ne la trouvera nulle part ailleurs.

65

”

L’homme est capable de grandes choses, mais il est son propre ennemi.

66

"

La science et la technologie doivent être au service de la paix.

67

”

Aucun problème ne peut être résolu avec le même niveau de pensée que celui qui l’a créé.

68

”

Tant que nous nous percevrons comme des nations, nous ne comprendrons jamais que nous sommes un seul peuple.

69

”

Il faut tout faire pour éviter qu’un jour la technologie ne dépasse notre humanité.

70

”

L'avenir de l'humanité dépend de la façon dont nous éduquons nos enfants.

71

”

La sagesse commence lorsqu’on réalise qu’on ne sait presque rien.

72

”

L’amour est la seule force qui peut surmonter toutes les barrières.

73

”

Un être humain est libre lorsqu'il pense par lui-même.

Ce que l'on peut apprendre de ces citations

Albert Einstein rejette fermement l'idée que la violence puisse être une solution durable et affirme avec conviction : « La paix ne peut être maintenue par la force, elle ne peut être atteinte que par la compréhension. » Cette phrase illustre une croyance fondamentale d'Einstein : la véritable stabilité repose sur l'échange, l'écoute et le respect des différences, et non sur la domination ou la coercition.

Dans cette optique, il considère que « L'arme la plus puissante de l'humanité est la coopération. » La survie et l'évolution de l'espèce humaine ne dépendent pas de la confrontation, mais de la capacité des individus et des nations à travailler ensemble. Il en découle une vision globale du monde, où les défis planétaires doivent être abordés avec une réflexion collective. « Un problème mondial ne peut être résolu qu'avec une vision mondiale. » Cette phrase rappelle que les guerres, les crises écologiques et les inégalités ne peuvent être surmontées par des actions isolées : seul un effort coordonné et une prise de conscience globale permettront de bâtir un avenir durable.

Einstein insiste également sur l'importance du changement de perspective pour éviter les conflits et permettre l'évolution de la société. « L'humanité survivra si elle apprend à penser autrement. » Il nous met en garde contre les schémas de pensée rigides qui perpétuent les erreurs du passé et empêchent le progrès. Ce refus de l'immobilisme intellectuel s'illustre aussi dans sa célèbre déclaration : « Aucun problème ne peut être résolu avec le même niveau de pensée que celui qui l'a créé. » Pour lui, sortir des crises exige un regard neuf, une capacité à innover et à remettre en question les paradigmes établis.

Il voit la guerre comme une faillite de l'intelligence humaine et de la raison. « La guerre est un échec de la raison. » Ce constat sans appel souligne que les conflits armés résultent d'un manque de réflexion et de solutions alternatives. Pour Einstein, la véritable force réside dans la sagesse et la capacité à négocier plutôt que dans l'usage de la force brute. Mais cette paix extérieure ne peut exister sans une harmonie intérieure : « Si l'homme ne peut trouver la paix en lui-même, il ne la trouvera nulle part ailleurs. » Il souligne ainsi que l'équilibre personnel et la maîtrise de soi sont les premiers pas vers un monde plus pacifique.

Bien que convaincu du potentiel humain, il reste lucide sur les dangers que l'homme représente pour lui-même. « L'homme est capable de grandes choses, mais il est son propre ennemi. » Cette phrase traduit la contradiction fondamentale de notre espèce : nous avons la capacité de créer, d'innover et de bâtir un monde meilleur, mais aussi de le détruire par orgueil, ignorance ou cupidité. Il met ainsi en garde contre les excès du progrès mal contrôlé : « La science et la technologie doivent être au service de la paix. » L'innovation scientifique, selon lui, ne doit pas être une fin en soi, mais un outil pour améliorer la condition humaine, et non pour accentuer les conflits ou les inégalités.

Il alerte également sur le danger de la division entre les peuples. « Tant que nous nous percevrons comme des nations, nous ne comprendrons jamais que nous sommes un seul peuple. » Pour Einstein, la frontière entre les pays n'est qu'une construction artificielle qui alimente les tensions et les guerres. Il prône une vision plus unifiée de l'humanité, où la coopération l'emporte sur la compétition. Cette crainte est renforcée par son inquiétude face aux progrès technologiques incontrôlés : « Il faut tout faire pour éviter qu'un jour la technologie ne dépasse notre humanité. » Il met ici en garde contre une société où la machine et la logique froide prendraient le pas sur l'éthique et les valeurs humaines.

L'avenir de l'humanité repose aussi, selon lui, sur l'éducation et la transmission des savoirs. « L'avenir de l'humanité dépend de la façon dont nous éduquons nos enfants. » Pour éviter de reproduire les erreurs du passé, il est essentiel de cultiver la pensée critique, la tolérance et l'ouverture d'esprit dès le plus jeune âge. La sagesse, selon Einstein, est une quête perpétuelle et commence par une prise de conscience fondamentale : « La sagesse commence lorsqu'on réalise qu'on ne sait presque rien. » Accepter son ignorance et rester curieux permet d'éviter l'arrogance et favorise un apprentissage continu, indispensable à la progression individuelle et collective.

Enfin, il conclut « Un être humain est libre lorsqu'il pense par lui-même. » La liberté ne réside pas uniquement dans l'absence de contraintes extérieures, mais surtout dans la capacité à raisonner par soi-même, à remettre en question ce qui est imposé et à choisir consciemment la voie à suivre.

6. SUCCÈS ET ÉCHEC

74

”

Le succès, c'est aller d'échec en échec sans perdre son enthousiasme.

75

”

Ce n’est pas l’intelligence qui mène au succès, c’est la persévérance.

76

”

L’échec n’existe pas,
ce ne sont que
des tentatives inabouties.

77

Un homme qui ne fait jamais d'erreur ne prend jamais de risque.

78

”

*La patience est la clé
de toutes les réussites.*

79

”

***Si tu veux réussir,
apprends d'abord à échouer.***

80

”

La persévérance est plus forte que le talent.

81

❞

Ne laisse jamais personne te dire que tu ne peux pas y arriver.

82

”

Un seul instant de courage
peut changer une vie entière.

83

”

Il n'y a pas de raccourci vers le succès, seulement du travail et de la patience.

Ce que l'on peut apprendre de ces citations

Albert Einstein développe une vision du succès qui repose avant tout sur la persévérance et l'apprentissage par l'échec. Contrairement à l'idée répandue que l'intelligence seule suffit à réussir, il affirme que « Ce n'est pas l'intelligence qui mène au succès, c'est la persévérance. » Pour lui, la clé réside dans la capacité à avancer malgré les obstacles et les revers, plutôt qu'à se reposer sur ses aptitudes naturelles.

Il insiste sur l'importance de changer notre perception de l'échec. « L'échec n'existe pas, ce ne sont que des tentatives inabouties. » Cette citation illustre bien sa philosophie : l'échec n'est pas une finalité, mais une étape nécessaire vers l'apprentissage et l'amélioration. Ce n'est qu'en essayant, en analysant ses erreurs et en ajustant ses actions que l'on progresse. Il va encore plus loin en affirmant que « Le succès, c'est aller d'échec en échec sans perdre son enthousiasme. » Cette phrase résume l'état d'esprit indispensable pour atteindre ses objectifs : ne jamais se laisser décourager par les difficultés, mais au contraire, les voir comme des opportunités d'évolution.

Dans cette logique, Einstein met en avant le rôle crucial du courage et de la prise de risque. « Un homme qui ne fait jamais d'erreur ne prend jamais de risque. » Selon lui, éviter l'échec signifie aussi éviter toute opportunité de grandir et de réussir. Ceux qui veulent progresser doivent accepter de sortir de leur zone de confort, d'affronter l'inconnu et d'assumer l'éventualité de l'échec. C'est cette disposition à tenter et à échouer qui forge les grands innovateurs et entrepreneurs.

Il souligne également l'importance de la patience et du travail sur le long terme. « La patience est la clé de toutes les réussites. » Dans un monde où l'on cherche souvent des résultats immédiats, Einstein rappelle que les plus grandes réalisations nécessitent du temps et de la persévérance. Loin des raccourcis et des promesses de succès instantané, il déclare avec lucidité : « Il n'y a pas de raccourci vers le succès, seulement du travail et de la patience. » Cette phrase souligne que la réussite repose sur un effort constant et une discipline rigoureuse, plutôt que sur des opportunités fortuites.

Einstein insiste aussi sur le fait que la volonté et la résilience surpassent le talent brut. « La persévérance est plus forte que le talent. » Cette citation rappelle que même les esprits les plus brillants n'ont pas réussi du premier coup, mais ont dû faire face à de nombreux revers avant d'atteindre leurs objectifs. Ceux qui ne renoncent pas et qui continuent à apprendre finissent toujours par se démarquer.

Il met également en garde contre les influences négatives et les doutes imposés par les autres. « Ne laisse jamais personne te dire que tu ne peux pas y arriver. » Il reconnaît que l'entourage et la société peuvent être des freins à l'ambition et à la créativité. Cette phrase encourage chacun à se fier à sa propre intuition et à sa détermination, plutôt qu'aux opinions extérieures qui limitent souvent le potentiel.

Enfin, il rappelle que le courage est souvent le facteur déclencheur du changement et de la réussite. « Un seul instant de courage peut changer une vie entière. » Parfois, un simple acte audacieux, une décision prise avec confiance ou une tentative hors du commun peuvent suffire à transformer une trajectoire de vie. Cette citation nous pousse à ne pas attendre indéfiniment le moment parfait, mais à oser agir, même lorsque l'incertitude est présente.

À travers ces réflexions, Einstein nous invite à repenser notre vision du succès. Il ne s'agit pas d'un état que l'on atteint du jour au lendemain, mais d'un chemin semé d'embûches où la persévérance, la patience et l'audace jouent un rôle bien plus déterminant que l'intelligence ou le talent inné.

7. TEMPS ET UNIVERS

84

”

Le temps n'existe pas,
il est une illusion de
notre perception.

85

99

Le temps est relatif, seule l'expérience en révèle sa véritable nature.

86

”

Le plus grand miracle de l’univers est que nous pouvons le comprendre.

87

”

L’espace et le temps sont
les fils invisibles de l’Univers.

88

”

La relativité nous apprend que tout est lié.

89

”

L’Univers ne se préoccupe pas de nos petites querelles.

90

”

Chaque étoile est un livre ouvert sur le passé.

91

”

Nous sommes une poussière dans l'immensité du cosmos.

92

”

Le temps et la matière sont des illusions du point de vue absolu.

93

”

La beauté de l’Univers réside dans son mystère.

94

”

L’infini est la plus grande énigme.

95

”

L’Univers est une symphonie de forces invisibles.

96

”

Si Dieu existe, il joue aux dés avec l’Univers.

97

”

Ce que nous appelons "réel" n’est qu’une interprétation.

98

”

La vitesse de la lumière
est la seule chose absolue.

99

”

Rien ne disparaît jamais vraiment.

100

”

L’Univers est plus étrange qu’on ne peut l’imaginer.

Ce que l'on peut apprendre de ces citations

Albert Einstein développe une vision du temps et de l'univers qui dépasse notre perception quotidienne et remet en question nos certitudes sur la réalité. Il affirme ainsi que « Le temps n'existe pas, il est une illusion de notre perception. » Cette idée, issue de la théorie de la relativité, souligne que le temps n'est pas une constante absolue, mais une dimension malléable qui dépend de l'observateur et des conditions physiques. Ce concept, qui bouleverse notre compréhension intuitive du monde, nous invite à reconsidérer la nature même du réel.

Pour Einstein, le temps ne peut être compris indépendamment de l'expérience. « Le temps est relatif, seule l'expérience en révèle sa véritable nature. » Cette phrase met en avant le fait que le temps ne s'écoule pas uniformément pour tous : il varie selon la vitesse et la gravité, un phénomène démontré par la relativité générale et confirmé par de nombreuses expériences scientifiques. Cette relativité du temps montre que notre perception est limitée et que la réalité est bien plus complexe qu'elle n'y paraît.

L'une des grandes interrogations d'Einstein concerne la capacité de l'être humain à comprendre l'univers. « Le plus grand miracle de l'univers est que nous pouvons le comprendre. » Il exprime ici son étonnement face à l'harmonie sous-jacente du cosmos et au fait que l'intelligence humaine puisse décrypter des lois aussi vastes et complexes. Cette réflexion traduit son émerveillement face à la cohérence du monde physique et à la puissance de la pensée scientifique.

Il perçoit l'espace et le temps comme deux éléments intrinsèquement liés. « L'espace et le temps sont les fils invisibles de l'Univers. » Cette phrase illustre l'idée que le temps ne peut être dissocié de l'espace : ils forment ensemble un tissu dynamique qui façonne la réalité. Cette vision révolutionnaire, qui constitue le cœur de la relativité, a profondément transformé notre compréhension du cosmos. Il insiste également sur l'interconnexion de toutes choses : « La relativité nous apprend que tout est lié. » Rien n'existe de manière isolée, chaque élément de l'univers influence les autres, qu'il s'agisse de forces physiques ou de phénomènes temporels.

Malgré ces avancées scientifiques, Einstein garde une certaine humilité face à l'immensité du cosmos. « L'Univers ne se préoccupe pas de nos petites querelles. » Cette phrase rappelle la place infime de l'humanité dans l'infini spatial et temporel. Nos préoccupations quotidiennes paraissent dérisoires face à l'immensité de l'univers, ce qui devrait nous inciter à adopter une perspective plus large sur notre existence. Il poursuit cette idée en affirmant que « Nous sommes une poussière dans l'immensité du cosmos. » Cette métaphore souligne à la fois la grandeur et l'insignifiance de l'homme dans l'échelle universelle.

L'observation du ciel permet d'accéder à une vision du passé. « Chaque étoile est un livre ouvert sur le passé. » La lumière des étoiles met parfois des millions d'années à nous parvenir, ce qui signifie que lorsque nous les observons, nous voyons en réalité une image de ce qu'elles étaient bien avant notre époque. Cette idée illustre comment le temps et l'espace sont profondément entremêlés et comment l'univers est un gigantesque livre dont chaque étoile raconte une histoire ancienne.

Einstein s'intéresse aussi à la nature profonde de la réalité et remet en cause nos perceptions. « Ce que nous appelons "réel" n'est qu'une interprétation. » Cette phrase rappelle que notre compréhension du monde est limitée par nos sens et nos instruments, et que ce que nous percevons comme la réalité absolue n'est en fait qu'une construction de notre esprit basée sur des modèles imparfaits. Il va encore plus loin en affirmant que « Le temps et la matière sont des illusions du point de vue absolu. » Cette pensée s'inscrit dans une vision où la réalité ultime dépasse les concepts classiques de temps et de substance.

Chers lecteurs,

Alors que nous clôturons ce voyage à travers les enseignements profonds et les sages paroles d'Albert Einstein, je souhaite que chaque mot résonne en vous, tel un doux murmure du vent à travers les arbres, guidant votre âme vers des horizons paisibles. Que la sagesse de Montaigne vous enveloppe et vous offre un refuge contre les tempêtes de la vie quotidienne.

Puissiez-vous trouver le bonheur dans les plaisirs les plus simples, cette étincelle de joie qui transforme les moments ordinaires en souvenirs mémorables. Que la paix qui apaise l'esprit et le cœur, soit avec vous.

Dans cette quête perpétuelle d'équilibre et d'harmonie, puissiez-vous toujours être en accord avec vous-même, avec la nature et avec l'Univers tout entier. Car nous sommes tous des fragments d'un Tout Majestueux, interconnectés et interdépendants.

Je vous exprime toute ma gratitude pour vous avoir accompagné dans cette exploration, je vous souhaite un futur lumineux, empreint de sérénité, d'amour et d'une profonde connexion avec tout ce qui est. Que votre voyage soit beau, que votre cœur soit léger, et que l'essence de la sagesse vous accompagne à chaque pas.

Avec tout mon respect et mon affection,

Manon Girard

J'aimerais avoir votre avis sincère.

Je vous assure que ce n'est pas pour nourrir mon ego, mais plutôt pour m'indiquer ce que vous a apporté ce livre, ce que vous auriez éventuellement moins aimé, ce qui a pu vous manquer, de sorte que je puisse enrichir cet ouvrage qui évolue avec le temps puisque je continuerai de l'actualiser.

Je vous remercie sincèrement et je vous souhaite une bonne lecture !

www.ingramcontent.com/pod-product-compliance
Lightning Source LLC
LaVergne TN
LVHW010949051026
849532LV00003B/1186
9798232448257